BEI GRIN MACHT SICH IHR WISSEN BEZAHLT

Bibliografische Information der Deutschen Nationalbibliothek:

Die Deutsche Bibliothek verzeichnet diese Publikation in der Deutschen National-
bibliografie; detaillierte bibliografische Daten sind im Internet über http://dnb.d-
nb.de/ abrufbar.

Impressum:

Copyright © 2009 GRIN Verlag, Open Publishing GmbH
Druck und Bindung: Books on Demand GmbH, Norderstedt Germany
ISBN: 9783640533022

Dieses Buch bei GRIN:

http://www.grin.com/de/e-book/141378/unterrichtsstunde-plasmolyse-turgor

Ulrike Weiß

Unterrichtsstunde: Plasmolyse - Turgor

Biologie Grundkurs 11

GRIN Verlag

GRIN - Your knowledge has value

Der GRIN Verlag publiziert seit 1998 wissenschaftliche Arbeiten von Studenten, Hochschullehrern und anderen Akademikern als eBook und gedrucktes Buch. Die Verlagswebsite www.grin.com ist die ideale Plattform zur Veröffentlichung von Hausarbeiten, Abschlussarbeiten, wissenschaftlichen Aufsätzen, Dissertationen und Fachbüchern.

Besuchen Sie uns im Internet:

http://www.grin.com/

http://www.facebook.com/grincom

http://www.twitter.com/grin_com

1. Zur Unterrichtsreihe

1.1 Thema der Unterrichtsreihe
- Cytologie – zellphysiologische Betrachtung des Stofftransports an der Biomembran

1.2 Themen der betreffenden Unterrichtssequenzen
- **Transportvorgänge innerhalb der Zelle – Diffusion, Osmose und Plasmolyse.**
- Die Kompartimierung genauer betrachtet: Bau und Funktion von Biomembranen.
- Speicherung von Stoffen in der Zelle – Betrachtung des Stofftransports durch die Biomembran.

1.3 Themen der Unterrichtsstunden der betreffenden Unterrichtssequenz
- Erarbeitung des Vorgangs der Diffusion anhand eines Schülerexperiments zur Klärung des Phänomens des Konzentrationsausgleichs verschiedener Stoffe im Hinblick auf die Brown´sche Molekularbewegung.
- Die Osmose als Beispiel für den durch eine semipermeable Membran eingeschränkten Diffusionsvorgang.
- **Mikroskopische Untersuchen der Epidermis der roten Küchenzwiebel (*Allium cepa*) vor und nach Zugabe einer Salzlösung zur Erarbeitung des Turgors der Zellen im Hinblick auf dessen Bedeutung für die Formgebung bei pflanzlichen Geweben.**
- Die Gestaltänderung eines Erythrozyten in hypertoner und hypotoner Kochsalzlösung als Beispiel für eine osmotische Lyse.

1.4 Lernziele der Unterrichtsreihe
- Die SuS können die Diffusion mit Hilfe der Brown´schen Molekularbewegung erklären. (kognitives LZ)
- Die SuS können die Osmose als eine Diffusion durch eine semipermeable Membran erläutern. (kognitives LZ)
- Die SuS üben sich in der Anwendung der naturwissenschaftlichen, problemlösenden Arbeitsweise. (kognitives LZ)
- Sie SuS können ein mikroskopisches Experiment, mit dem sie osmotische Vorgänge in Pflanzenzellen untersuchen, entwickeln und durchführen. (affektives LZ)
- Die SuS üben sich im Anfertigen mikroskopsicher Präparate und Zeichnungen. (psychomotorisches LZ)
- Die SuS können Plasmolyse und Deplasmolyse mit Hilfe ihrer Kenntnisse zu osmotisch bedingten Turgorveränderungen erläutern. (kognitives LZ)
- Die SuS können Aufbau und Funktion von Biomembranen darstellen. (kognitives LZ.)
- Die SuS können aktiven und passiven Transport durch die Zellmembran unter Betrachtung des Energieaufwands vergleichen. (kognitives LZ)

2. Zur Unterrichtsstunde

2.1 Gegenstand der Stunde
- Epidermiszellen der roten Küchenzwiebel (*Allium cepa*)

2.2 Thema der Stunde

- Mikroskopische Untersuchung der Epidermis der roten Küchenzwiebel (*Allium cepa*) vor und nach Zugabe einer Salzlösung zur Erarbeitung des Turgors der Zellen im Hinblick auf dessen Bedeutung für die Formgebung bei pflanzlichen Geweben.

2.3 Schwerpunktlernziel der Stunde

- Mit dieser Stunde möchte ich hauptsächlich erreichen, dass die SuS ihre Kenntnisse über den Prozess der Osmose bei der Auswertung eines selbst durchgeführten mikroskopischen Experiments anwenden und somit die Vakuole als Zellorganell der osmotischen Wasserabgabe der pflanzlichen Zelle identifizieren um diese Erkenntnis auf den für die Festigkeit von Pflanzen bestimmenden Turgor der Zelle zu übertragen. (kognitives LZ)

2.4 weitere wichtige Lernziele der Stunde

- Die SuS sollen die Erkenntnisschritte des naturwissenschaftlichen, hypothetisch deduktiven Verfahrens kennen und anwenden lernen. (kognitives LZ)
- Die SuS üben sich im Anfertigen mikroskopischer Präparate und Zeichnungen. (psychomotorisches LZ)

2.5 Hausaufgabe zur Stunde

- ---

2.6 Hausaufgabe zur nächsten Stunde

- entfällt, da dies eine Doppelstunde ist

2.7 Geplante Unterrichtsstruktur der Stunde (S. 3)

2.8 Geplantes Folienbild (S. 5)

3. Anhang

- Folie 2 (S. 5)
- Folie 3 (S. 6)
- AB1 (S. 7)
- AB2 (S. 8)

3.1 Geplante Unterrichtsstruktur der Stunde

Arbeitsschritt			Did. Kurzkommentar:
Sachaspekt	Interaktions-form	Medium	(Bedeutung der Arbeitsschritte für den Lernprozess)
			Stundeneröffnung
L präsentiert das zu behandelnde Phänomen (Präsentation von zwei Salatblättern). L berichtet, dass sie das eine Blatt in Leitungswasser, das andere in Salzwasser eingelegt hat.	LB	Salat-blätter	Kontaktaufnahme, Fokussieren der Aufmerksamkeit der SuS auf den Unterrichtsbeginn.
SuS schildern zunächst ihre Beobachtung. (Salatblatt + Salzwasser = welk; Salatblatt + Leitungswasser = frisch)	SB		Anknüpfung an das Vorwissen der SuS (Osmose wurde in der vorangegangenen Stunde behandelt)
			Motivation, Hinführung zur Problemfrage.
			Stundenmitte
Problemfrage (durch die SuS genannt): „Warum wird das in Salzwasser eingelegte Salatblatt welk?"	UG	Folie 1	Problemformulierung.
SuS äußern Hypothesen, diese werden auf der Folie notiert.(siehe mögliches Folienbild)	UG	Folie 1	Vermutungsphase, Förderung der Kreativität, Abrufen des Vorwissens.
L fordert die SuS auf zur Lösung des Problems ein Experiment auf zellulärer Ebene zu entwickeln. Erwartete Schülerantwort: Mikroskopieren von Pflanzenzellen in unterschiedlichen Lösungen.	UG	Folie 1	Einübung naturwissenschaftlichen Denkens und Arbeitens.
L informiert über den weiteren Fortlauf der Stunde (Mikroskopie von Zwiebelzellen), teilt Arbeitsblätter aus.	LI	AB1	Transparenz schaffen.
SuS holen sich die Arbeitsmaterialien und erarbeiten zu zweit/dritt die Aufgaben des AB1. L geht herum und gibt ggf. Hilfestellung. Binnendifferenzierungsmöglichkeit: Sollten einige SuS früher fertig sein, so fordert die L sie auf, das Deckgläschen vom Präparat zu entfernen, es trocken zu tupfen und daraufhin mit Aqua dest. zu versetzen. Somit kann der gegenläufige Prozess	PA		Praktische Tätigkeit zur Motivation und zum Verständnis biologischer Arbeitsweisen und Erkenntnisgewinnung.

beobachtet werden. Nach Beendigung der Erarbeitungsphase werden die Mikroskope ausgeschaltet.			
			Stundenabschluss
SuS schildern ihre Beobachtungen (nach Zugabe der NaCL-Lösung „schrumpft" die Vakuole). Sollten die SuS dies nicht beobachtet haben, zeigt die L Fotos dieses Prozesses.	SB	ggf. Folie2	Ansprechen der verschiedenen Lerntypen (auditiv, visuell).
L fordert einen S auf, die Beobachtung auf der Folie 1 zu skizzieren.	SB	Folie 1	Sicherung der Versuchsergebnisse; an dieser Stelle gehe ich
Die vorher aufgestellten Hypothesen werden überprüft.	UG	Folie 1	davon aus, dass die SuS lediglich Vakuole und Zellwand, nicht aber das Cytoplasma einzeichnen, was in diesem Falle aber tolerabel ist, da dies zunächst bezüglich des Turgordrucks nicht relevant ist und die SuS sich mit der Plasmolyse in der nächsten Stunde beschäftigen.
L. informiert über einen „Trick aus der Küche" und fordert die SuS auf diesen auf zellulärer Ebene zu erklären. (L. legt Folie 3 auf, unterer Teil ist abgedeckt)	UG	Folie 3 ggf. Zell-modell	Rückbezug zum Stundenanfang. Falls die SuS in dieser Phase nicht erkennen,
Die von den SuS erläuterte Erklärung wird anschließend aufgedeckt.		Folie 3	dass die Zellwand ab einem gewissen Zeitpunkt das Einströmen des Wassers verhindert und somit ein Gegendruck entsteht, wird ein einfaches Zellmodell (Tupperdose + Luftballon) gezeigt
Didaktische Reserve 1: L. zeigt zwei Alpenveilchen: eines wurde nicht gegossen lässt den Kopf hängen, das andere wurde regelmäßig gegossen und erscheint somit „normal". L. fordert die SuS auf beide Phänomene mit Hilfe des erlernten Wissens zu erklären	SB	Alpen-veilchen	Festigung durch Anwendungsbeispiele
L verweist auf den Fortlauf der nächsten Stunde hin. Die	LI	AB2	

SuS sollen mit Hilfe des Buches den beiden Salatblättern (welk und frisch) die Begriffe „Plasmolyse" und „Deplasmolyse" zuordnen und sie unter Verwendung der Begriffe *Osmose, Turgor, hypertonisch, hypotonisch* erläutern.			

2.8 Geplantes Folienbild der Stunde
Folie 1

Problemfrage: Warum ist das in Salzwasser eingelegte Salatblatt welk?

Hypothesen:
1. Das Salatblatt ist welk weil es durch Osmose Wasser verloren hat.
2. Das Salatblatt ist welk, weil die Vakuolen durch Osmose Wasser verloren haben.
3. Das Salatblatt ist welk, weil das Wasser des Cytoplasmas durch Osmose entwichen ist.
4. ...

Lösung: Mikroskopie von Pflanzenzellen (*allium cepa*) in verschiedenen Lösungen.

Beobachtung:

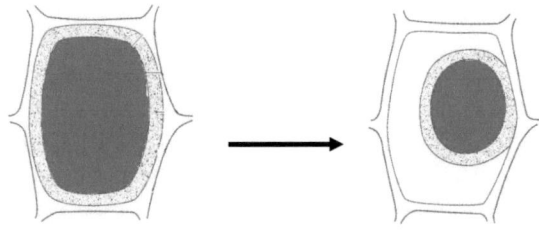

Vor Zugabe der NaCl-Lsg   Nach Zugabe der NaCl-Lsg

Deutung: Bestätigung der Hypothese 2

Folie 2   **Vor Zugabe NaCl- Lösung**   **Nach Zugabe NaCL-Lösung**

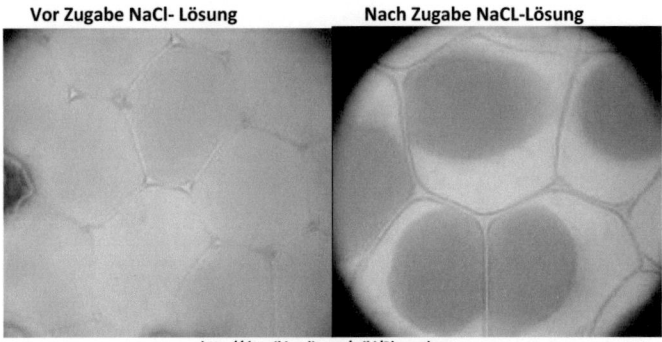

Ein alter Trick aus der Küche:

Welke Salatblätter sollte man in Wasser legen, so werden sie nach einiger Zeit wieder schön knackig und frisch!!

Wie kann man dieses Phänomen erklären?

Die Vakuolen der Zellen des welken Salatblattes sind „leer". Sie nehmen in Wasser eingelegt dieses osmotisch auf, dehnen sich wieder aus und drücken so gegen die Zellwände. Die Zellwände verhindern nun eine weitere Wasseraufnahme, da sie einen Gegendruck erzeugen. Der Druck des Zellsaftes gegen die Zellwand wird **Turgor** genannt und sorgt für die Form (nicht verholzter) pflanzlicher Gewebe.

Mikroskopische Untersuchung der Zwiebelepidermis (*Allium cepa*)

Frage: _____

Material: Zwiebelschuppe von *Allium cepa*, Mikroskop, Objektträger, Deckglas, Pinzette, Skalpell, Aqua Dest., Pipette, gesättigte Kochsalzlösung, Papiertücher

Durchführung:

1. Ritze mit dem Skalpell ein etwa fingernagelgroßes Viereck in die **rote** Epidermis der Zwiebelschuppe und ziehe diese vorsichtig mit der Pinzette ab.
2. Lege die Epidermis in einen Tropfen Aqua Dest. auf den Objektträger. Lege das Deckgläschen auf und entferne überschüssiges Aqua Dest. mit einem Papiertuch.
3. Mikroskopiere das Präparat bei mittlerer Vergrößerung. **Skizziere** eine Zelle aus dem Zellverband.

> Skizze von *Allium cepa* in Aqua Dest.

4. Entferne nun das Deckgläschen und sauge das Wasser vorsichtig mit einem Papiertuch auf.
5. Gebe nun die gesättigte NaCl-Lsg auf das Präparat und lege das Deckglas wieder auf.
6. Betrachte nun ca. 3-4 min lang die **Veränderung** der Zellen durch das Mikroskop und fertige wieder eine **Skizze** an.

7. **Vergleiche** nun beide Zellen.

> Skizze v. *Allium cepa* in gesättigter NaCl-Lsg.

Beobachtung:

_____
_____
_____
_____
_____
_____

Deutung: (wird nach Ergebnisbesprechung zusammen eingetragen)

_____

Ein alter Trick aus der Küche:

Welke Salatblätter sollte man in Wasser legen, so werden sie nach einiger Zeit wieder schön knackig und frisch!!

Wie kann man dieses Phänomen erklären?

Die Vakuolen der Zellen des welken Salatblattes sind „leer". Sie nehmen ‚in Wasser eingelegt dieses osmotisch auf, dehnen sich wieder aus und drücken so gegen die Zellwände. Die Zellwände verhindern nun eine weitere Wasseraufnahme, da sie einen Gegendruck erzeugen.
Der Druck des Zellsaftes gegen die Zellwand wird **Turgor** genannt und sorgt für die Form (nicht verholzter) pflanzlicher Gewebe.

Aufgabe:
Ordne den beiden Salatblättern (welk und frisch) die Begriffe **Plasmolyse** und **Deplasmolyse** zu und erläutere diese indem du die Begriffe *Osmose, Turgor, hypertonisch* und *hypotonisch* verwendest. Nutze hierfür auch dein Biologiebuch (S. 28-29)

_____

_____

_____

_____

_____

_____

_____

_____

_____

_____

_____

_____

_____

_____

_____

_____

Quellen:

Literatur:

Beyer I., et. al (2005): Natura. Biologie für Gymnasien. Ernst Klett Verlag. Stuttgart, Leipzig.

Campbell, Neil A. (2000): Biologie. Spektrum Akademischer Verlag, Heidelberg, Berlin, Oxford.

Jaenicke, J.; Paul, A. (Hrsg.) (2004): Biologie heute entdecken- SII, Bildungshaus Schulbuchverlage, Braunschweig.

Schulministerium NRW (Hrsg.) (2008): Sekundarstufe II. Gymnasien und Gesamtschulen. Biologie. Richtlinien und Lehrpläne. Düsseldorf.

Internet:

Fotos:

http://de.wikipedia.org/wiki/Plasmolyse
Zugriff 21. Nov. 2009-11-21

BEI GRIN MACHT SICH IHR WISSEN BEZAHLT

- Wir veröffentlichen Ihre Hausarbeit,
  Bachelor- und Masterarbeit

- Ihr eigenes eBook und Buch -
  weltweit in allen wichtigen Shops

- Verdienen Sie an jedem Verkauf

Jetzt bei www.GRIN.com hochladen und kostenlos publizieren